优秀技术工人
百工百法丛书

裴永斌工作法

弹性油箱全自动数控加工技术

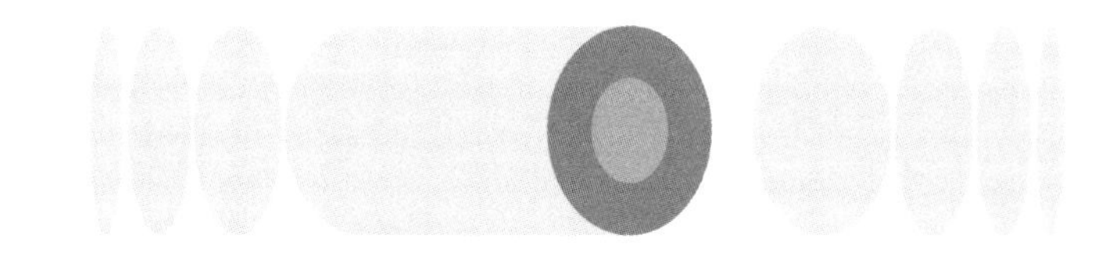

中华全国总工会 组织编写

裴永斌 著

中国工人出版社

匠心筑梦 技能报国

技术工人队伍是支撑中国制造、中国创造的重要力量。我国工人阶级和广大劳动群众要大力弘扬劳模精神、劳动精神、工匠精神，适应当今世界科技革命和产业变革的需要，勤学苦练、深入钻研，勇于创新、敢为人先，不断提高技术技能水平，为推动高质量发展、实施制造强国战略、全面建设社会主义现代化国家贡献智慧和力量。

——习近平致首届大国工匠创新交流大会的贺信

序

党的二十大擘画了全面建设社会主义现代化国家、全面推进中华民族伟大复兴的宏伟蓝图。要把宏伟蓝图变成美好现实，根本上要靠包括工人阶级在内的全体人民的劳动、创造、奉献，高质量发展更离不开一支高素质的技术工人队伍。

党中央高度重视弘扬工匠精神和培养大国工匠。习近平总书记专门致信祝贺首届大国工匠创新交流大会，特别强调“技术工人队伍是支撑中国制造、中国创造的重要力量”，要求工人阶级和广大劳动群众要“适应当今世界科技革命和产业变革的需要，勤学苦练、深入钻研，勇于创新、敢为人先，不断提高技术技能水平”。这些亲切关怀和殷殷厚望，激励鼓舞着亿万职工群众弘扬劳模精神、劳动精神、工匠精神，奋进新征程、建功新时代。

近年来，全国各级工会认真学习贯彻习近平总书记关于工人阶级和工会工作的重要论述，特别是关于产业工人队伍建设改革的重要指示和致首届大国工匠创新交流大会贺信的精神，进一步加大工匠技能人才的培养选树力度，叫响做实大国工匠品牌，不断提高广大职工的技术技能水平。以大国工匠为代表的一大批杰出技术工人，聚焦重大战略、重大工程、重大项目、重点产业，通过生产实践和技术创新活动，总结出先进的技能技法，产生了巨大的经济效益和社会效益。

深化群众性技术创新活动，开展先进操作法总结、命名和推广，是《新时期产业工人队伍建设改革方案》的主要举措之一。落实全国总工会党组书记处的指示和要求，中国工人出版社和各全国产业工会、地方工会合作，精心推出“优秀技术工人百工百法丛书”，在全国范围内总结 100 种以工匠命名的解决生产一线现场问题的先进工作法，同时运用现代信息技术手段，同步生产视频课程、线上题库、工匠专区、元宇宙工匠创新工作室等数字知识产品。这是尊重技术工人首创精神的重要体现，是工会提高职工技能素质和创新能力的有力做法，必将带动各级工会先进操作法总结、命名和推广工作形成热潮。

此次入选“优秀技术工人百工百法丛书”作者群体的工匠人才，都是全国各行各业的杰出技术工人代表。他们总结自己的技能、技法和创新方法，著书立说、宣传推广，能让更多人看到技术工人创造的经济社会价值，带动更多产业工人积极提高自身技术技能水平，更好地助力高质量发展。中小微企业对工匠人才的孵化培育能力要弱于大型企业，对技术技能的渴求更为迫切。优秀技术工人工作法的出版，以及相关数字衍生知识服务产品的推广，将为中小微企业的技术进步与快速发展起到推动作用。

当前，产业转型正日趋加快，广大职工对于技能水平提升的需求日益迫切。为职工群众创造更多学习最新技术技能的机会和条件，传播普及高效解决生产一线现场问题的工法、技法和创新方法，充分发挥工匠人才的“传帮带”作用，工会组织责无旁贷。希望各地工会能够总结命名推广更多大国工匠和优秀技术工人的先进工作法，培养更多适应经济结构优化和产业转型升级需求的高技能人才，为加快建设一支知识型、技术型、创新型劳动者大军发挥重要作用。

中华全国总工会兼职副主席、大国工匠

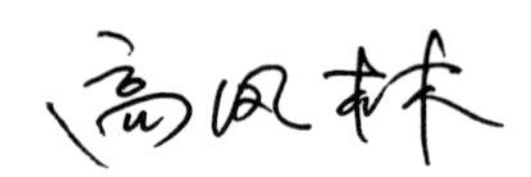

优秀技术工人百工百法丛书

机械冶金建材卷

编委会

作者简介
About The Author

裴永斌

1964 年出生，哈尔滨电机厂有限责任公司水电分厂卧刨班班长，车工，高级技师，公司首席技师，集团高技能专家。

曾获“全国劳动模范”“全国技术能手”“中国质量工匠”“全国模范退役军人”“全国最美退役军人”等荣誉和称号，享受国务院政府特殊津贴。

裴永斌一直奋斗在生产一线，主要承担弹性油箱、操作油管、导叶、联轴螺栓等高精度水轮发电机组关键部件的加工任务，参与了三峡、白鹤滩、溪洛渡等近百个国内外水电站项目的建设。他研究开创了弹性油箱的智能制造加工工艺，改变了沿用 50 多年的传统加工方法，提高生产效率 1 倍以上，被誉为“车工大王”和“金手指”。通过加工技术的改变，使大型水轮发电机组弹性油箱加工制造难度大幅降低，并且此成果被扩展应用到其他类似的如汽轮发电机波纹轴等特型工件的加工制造，使加工技术获得里程碑式的进步，开了弹性油箱智能生产的先河。其在三峡三期工程等国家重大工程的重大设备国产化立功竞赛中，攻克了多项生产技术难关，带来了良好的经济效益和社会效益。

工/匠/寄/语

怀匠心、践匠行、做匠人，
探索追寻那百分之一毫米的精妙。

裴永斌

目　　录
Contents

引 言
Introduction

水轮发电机是指以水轮机为原动机，将水能转化为电能的发电机。水流经过水轮机时，水轮机将水能转换成机械能，水轮机的转轴又带动发电机的转子，将机械能转换成电能而输出。水轮发电机是水电站生产电能的主要动力设备。弹性油箱位于水电站的水轮机与发电机之间，在水轮发电机中起着重要的弹性支承作用，它的品质关系到整座水电站的安危。

本书主要介绍大型水电站水轮发电机推力轴承的核心部件——弹性油箱由传统制造向全自动数控智能制造转变过程中出现的技

术问题及加工特点、难点，以及在解决这些问题时采用的一系列创新方法，如弹性油箱全自动数控加工快速装夹法、弹性油箱全自动数控加工刀具优化法、弹性油箱全自动数控加工连续多波纹轨迹加工程序优化法、弹性油箱全自动数控加工控制技术，以期消除弹性油箱加工技术极其复杂、只有少数技师能掌握的技术壁垒，提出更优的加工方案和科学、有效的制造技术，适应智能化制造的发展趋势，供相关人员参考。

第一讲

弹性油箱概述

一、弹性油箱在水轮发电机组中的作用

数据显示，近年来我国水轮发电机的销售量在逐年增加，可见水轮发电机的应用市场越来越大。弹性油箱是超大型立式水轮发电机组推力轴承的核心部件。水轮发电机组的推力轴承由推力头、镜板、推力瓦、底盘和弹性油箱等多个部件组合而成，在水轮发电机中起着支撑作用。弹性油箱适用于大容量的机组中，具有能负荷大推力等特点。在水轮发电机中安装弹性油箱，可有效提高水轮发电机的运行效率以及稳定性。因此，如何优化弹性油箱的制造工艺，采用科学加工手段降低其生产难度，提高其生产有效性，通过智能化加工技术改变以往均采用普通设备低速加工的方式，是更好地生产水轮发电机的必由之路。

二、弹性油箱结构的基本特点

弹性油箱结构可分为多波纹和单波纹两种，其波纹数是依据油箱受力情况以及负荷程度而产生的

相应数据。弹性油箱的负荷主要由轴承受力而形成。弹性油箱内部装有润滑油。弹性油箱由底盘固定，再用钢管固牢，以保证弹性油箱的稳定性。弹性油箱的油压机构需要用封闭式装置，并需稳定、牢固，通过弹性油箱的轴向变形和油压的作用传递受力点，使得各推力瓦呈均匀受力状态，在水轮发电机中起到有效的支撑作用。

三、多波纹弹性油箱与单波纹弹性油箱的加工技术难度

多波纹弹性油箱与单波纹弹性油箱相比，体积要大很多。加工多波纹弹性油箱时，采用的是卧式车床加工法。在加工过程中，由于该弹性油箱体积大，有一定的重量，常常在工件的底座处被卡住，导致底座处的重量增加。“一头沉”的状态会直接加大车刀运行的振动幅度，导致加工精确度明显下降，加工出的尺寸常与实际标准要求不符。同时，多波纹弹性油箱的形状多样，对加工的要求非常严

格。加工时，不仅要保证表面粗糙度，还要保证尺寸的标准化，加工技术难度比较高。多波纹弹性油箱结构如图 1 所示。

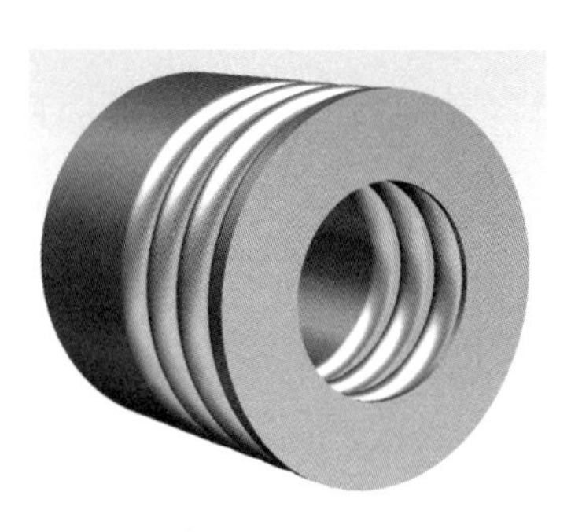

图 1　多波纹弹性油箱结构

单波纹弹性油箱的结构要比多波纹弹性油箱的结构理想很多，不但体积和内孔都相对较小，其波纹段壁的厚度也相对较薄，标准厚度仅为 2.8mm。单波纹弹性油箱的加工要求也很严格，不仅要保证波纹段壁的厚度毫无差错，还要保证孔内的表面粗糙度达到设计要求，做到小而精。

第二讲

弹性油箱全自动数控加工快速装夹法

夹具是机械行业中常见的一种加工工具，被广泛应用于机械设备加工中。现有的大部分夹具存在定位精度差、通用性差的缺点，在实际应用中，不能快速定位工件，导致加工效率低，且因不能重复使用，造成不必要的浪费。因此，有必要针对现有装置存在的缺点，提供一种通用性强、成本低廉、便于组装的组合式薄壁工件加工夹具。

为保证弹性油箱外圆轴线相对于底平面的垂直度、内圆相对于外圆的同轴度等形位公差，开发研制了一种可调节弹性油箱定位通用夹具，用以保证多件、快速定位工件的加工，提高加工效率，且该夹具能重复使用，能避免装夹辅助时间过长造成的不必要浪费。

一、弹性油箱全自动数控加工快速装夹原理

在卧式车床设备上切削弹性油箱时，需将其安装在可调节弹性油箱定位通用夹具上，弹性油箱装夹结构正视图和装夹结构侧视图如下页图 2、图 3 所

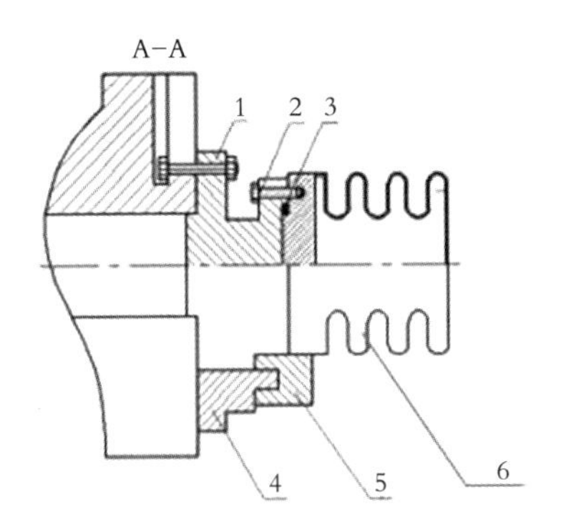

图 2　弹性油箱装夹结构正视图

1-定位圆盘；2-T形紧固螺钉；3-圆形垫圈；4-卡爪；5-卡爪扩展套；6-弹性油箱

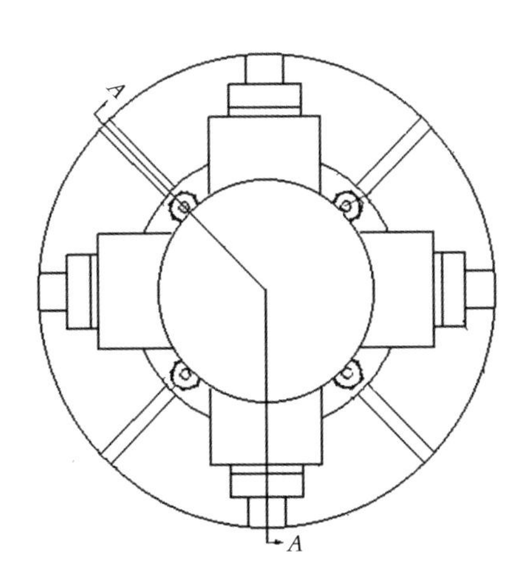

图 3　弹性油箱装夹结构侧视图

示。可调节弹性油箱定位通用夹具由定位圆盘、T形紧固螺钉、圆形垫圈、卡爪、卡爪扩展套等部件组成。其中，卡爪与卧式车床设备中的卡盘装夹装置的连接，由T形紧固螺钉与螺母旋紧把合固定；卡爪与卡爪扩展套为套紧结构，卡爪扩展套为内外四方形状；定位圆盘的大头端通过T形紧固螺钉与机床卡盘装夹装置连接固定；定位圆盘通过T形紧固螺钉、圆形垫圈与弹性油箱固定；卡爪扩展套伸出部分与弹性油箱外圆装夹固定弹性油箱，再次增大夹紧力，保证切削工件无微变动发生。

二、弹性油箱全自动数控加工快速装夹具体实施方法

以某个水轮发电机组的弹性油箱加工为例，来说明弹性油箱全自动数控加工快速装夹的具体实施方法。先将定位圆盘安装固定在卧式车床卡盘装夹装置中，然后安装卡爪扩展套，最后将弹性油箱用T形紧固螺钉固定在定位圆盘上，同时使用卡爪扩展套辅助装夹弹性油箱外圆，详见图2、图3。在

加工下一件弹性油箱时，只要松开卡爪扩展套与 T 形紧固螺钉，即可实现快速更换，同时也不需要再使用百分表等工具进行定位找正。这样就可满足 1 台机组加工 12 件弹性油箱的快速定位需求，其实际应用效果如图 4 所示。

图 4　弹性油箱全自动数控加工快速装夹法实际应用效果

此方法中用到的夹具是一种通用性强、成本低廉、操作简单的组合式薄壁工件加工夹具。该夹具便于现场组装，易于实现工件快速定位、快速生产的目的。其通过拆分、组装的原理，解决了原有夹具通用性差的问题，该思路可以被其他夹具所借鉴。

第三讲

弹性油箱全自动数控加工刀具优化法

在弹性油箱全自动数控加工的过程中，由于切削参数、切削用量的变化，刀具受磨损严重，影响了零件的加工精度。要解决这个问题，就需要对刀具进行优化。通过对刀具材料、刀柄尺寸、加工余量等方面进行分析，提出一种弹性油箱全自动数控加工刀具优化法。该方法是将刀具在弹性油箱零件上的加工过程分解为若干个独立的子加工过程，进而得到最优的切削参数和切削用量，最终得出全自动数控加工过程中刀具的优化方法。该方法能够显著提高弹性油箱零件的加工精度、加工效率和可靠性，适用于弹性油箱零件的全自动数控加工。

一、单波纹弹性油箱传统刀具成型加工法

丰宁抽水蓄能电站的水轮发电机弹性油箱是单波纹弹性油箱的典型代表。其有两个明显特点：一是内孔小，内孔直径为 16cm；波纹段腔体内孔直径为 34.44cm，腔体有一定的深度。二是波纹段壁薄，导致波纹段壁的强度较低。在加工过程中，车

刀进出弹性油箱内孔有一定的难度，一旦出现碰撞用力，就容易发生变形。控制波纹段壁的厚度难度很大，很容易出现厚度不标准的现象。同时，由于车刀的运行轨迹受孔径限制，加工后弹性油箱的内外表面粗糙度值无法达到设计要求，要实现精确控制极其困难。

单波纹弹性油箱传统刀具成型加工法如下：主要采用圆弧成型刀具，以粗车、半精车、精车的工序对圆弧部位进行加工，对每一道工序都严格控制进刀量，最大限度地降低弹性油箱在加工过程中的应力变形，以保证圆弧尺寸精度、波纹段壁厚度均匀、内孔表面粗糙度符合标准等。由于半圆弧成型车刀与弹性油箱内圆接触面较大，在加工过程中会出现振颤现象，不利于精车。因此，为了减小半圆弧成型车刀与圆面的接触面积，首先用反切刀切出圆弧锥形，再用圆弧成型车刀粗车，进行第一次成型，之后用半圆弧成型车刀进行第二次成型。这样操作为保证尺寸公差、表面粗糙度打下了良好的基础。

二、多波纹弹性油箱传统双向控制加工法

刘家峡水电站的水轮发电机弹性油箱是多波纹弹性油箱的典型代表。其结构特点是加工制造精度要求高；相比单波纹弹性油箱，其尺寸较大，结构复杂；最大外径为46cm，最小内径为16cm，总高45cm；波纹壁厚1.2cm，波纹外径为1.75cm，波纹内径为0.95cm，波纹相对于定位面的同轴度为0.05mm，共有4组波纹。该弹性油箱的大头端底座为空心结构，精车波纹时，只能通过设备卡盘、卡爪装卡弹性油箱的小头端，装卡条件困难，工件装卡强度及稳定性较差，对弹性油箱精车时的波纹尺寸、形位公差及表面粗糙度的精度保证有一定的不良影响。

可采用多波纹弹性油箱传统双向控制加工法，其加工操作流程与单波纹弹性油箱相同，通过研制开槽切刀、对刀检查样板、专用刀杆等专用工具，保证圆弧尺寸精度、波纹壁厚均匀、内孔表面粗糙度符合标准。半圆弧成型车刀与圆面接触面积较

大，在加工过程中会出现振颤现象，不利于保证尺寸精度。因此，为了减小半圆弧成型车刀与圆面的接触面积，提高加工精度，必须先用开槽切刀切出圆弧锥形槽（切槽时可以适当提高切削量），再用圆弧成型车刀进行最终成型加工，这为保证尺寸公差、表面粗糙度打下了良好的基础，同时提高了加工效率。

为保证波纹相对于定位面的同轴度为 0.05mm，可用一种可调节弹性油箱定位通用夹具进行快速定位。半精车时，通过夹具与卧式车床卡盘过渡装卡，夹具与弹性油箱小头端有 0.02mm 间隙的严格定位止口配合，以保证工件的找正精度，提高工件的稳定性及装夹刚度。作为精加工的重要手段，研制的内圆弧检查样板、外圆弧检查样板、波纹测深工具等专用测量工具，对保证波纹内壁圆弧半径尺寸等起到了决定性的作用。圆弧内孔的表面粗糙度为 *Ra*1.6μm，腔体较深，为 7.7cm，修光难度较大。为此，特制了内孔抛光专用工具，将带圆弧倒角的抛光轮固定在专用刀架子上，让电动机带动抛光轮旋转，旋转方向与弹性油箱旋转方向相反，从而达到降低波纹表面粗糙度的目的。

三、弹性油箱全自动数控加工刀具优化具体实施方法

弹性油箱的全自动数控切削加工一直是业界的重点和难点，由于其具有长径比较大或径厚等特点，极易发生切削振动现象，即振颤。在加工过程中，不断有金属被切下来以及刀具切削位置发生变化，使得切削系统具有时变性。为此，本刀具优化法从切削动力学的角度，考虑时变厚度、位置的影响，解决薄壁弹性油箱工件的切削振动问题，从刀具方面更好地预防加工振动问题出现。在切削加工期间，径向切削力和切向切削力会导致车刀偏斜，通常需要强制进行切削刃补偿和刀具防振。当出现径向偏差时，应降低切削深度，减小切屑厚度。

从刀具应用的角度出发，提高加工质量的因素有如下几点。

1. 刀片槽型的选用

刀片槽型对切削过程有着决定性的影响。加工时，一般选用切削锋利、刃口强度高的正前角槽型刀片。

2. 刀具主偏角的选用

切削刀具的主偏角影响径向切削力、轴向切削力以及合成切削力的方向和大小。较大的主偏角会产生较大的轴向切削力，较小的主偏角则产生较大的径向切削力。一般情况下，轴向切削力朝着刀杆方向，通常不会对加工有较大的影响。因此，选择较大的主偏角对加工有利。选择主偏角时，推荐选择尽可能接近90°的主偏角，并且不要小于75°，否则会导致径向切削力急剧增加。

3. 刀尖半径的选用

在切削工序中，小刀尖半径应为首选。加大刀尖半径，将会加大径向切削力和切向切削力，还会有增大振动的风险。同时，刀具在径向上的偏斜会受到切削深度与刀尖半径之间相对关系的影响。当切削深度小于刀尖半径时，径向切削力随着切削深度的增加而不断增加。当切削深度等于或大于刀尖半径时，径向偏斜将由主偏角决定。选择刀尖半径时，刀尖半径应稍小于切削深度，这样可以使径向切削力最小。同时，在确保径向切削刀最小的情况下，使用最大刀尖半径可获得更坚固的切削刃、更好的表面纹理以及切削刃上更均匀的压力分布。

4. 刃口的选用

刀片的切削刃倒圆会影响切削力。一般而言，无涂层刀片的切削刃倒圆比有涂层刀片的倒圆要小，特别是在长刀具悬伸和加工内孔波纹时。刀片的后刀面磨损将改变刀具相对于孔壁的后角，还可能会成为影响加工过程切削作用的根源。在切削无振动时，优先使用有涂层刀片；在易发生切削振动区域，选用无涂层刀片。

5. 切屑的有效排出

在内孔波纹切削过程中，排屑对于加工效果和安全性能也会产生重要影响，特别是在加工深孔和盲孔时。较短的螺旋屑是在进行内孔切削时，较为理想的切屑。该类切屑比较容易被排出，并且切屑被折断时不会对切削刃造成大的压力。加工时，如切屑过短，断屑作用过于强烈，会消耗更高的机床功率，导致振动加大。如切屑过长，则会使排屑更困难，离心力将切屑压向孔壁，残留的切屑被挤压到已加工工件的表面，造成切屑堵塞现象，进而损坏刀具。因此，进行内孔波纹切削时，可使用带内冷功能的刀具。这样，切削液将有效地把切屑排到孔外。加工通孔时，也可用压缩空气代替切削液，通过主轴吹出切屑。另外，选择合适的刀片槽型和切削参数，也有助于切屑的控制和排出。

6. 刀具夹持方式的选用

在内孔波纹切削过程中，刀具的夹持稳定性和工件的稳固性也非常重要，决定了加工时振动的量级，以及这种振动是否会加大。刀杆的夹紧单元满足所推荐的长度、表面粗糙度和硬度要求是非常重要的。

刀杆的夹紧是关键的稳定因素。在实际加工中，刀杆可能会出现偏斜。刀杆的偏斜与刀杆材料、直径、悬伸、径向切削力、切向切削力以及刀杆在机床中的夹紧情况有关。在刀杆夹紧端，最轻微的移动都会导致刀具发生偏斜。高性能刀杆在夹紧时，应具备高稳定性，以保障在加工中不出现任何薄弱环节。要实现这一点，刀具夹紧的内表面必须具有低表面粗糙度和足够的硬度。对于普通刀杆而言，夹紧系统将刀杆在圆周上完全夹紧的方式可获得最高的稳定性，其整体支撑性要好于螺钉直接夹紧的刀杆。用螺钉将刀杆夹紧在V形块上的方式较为合适，但不推荐用螺钉直接夹紧圆柱柄刀杆，因为螺钉直接作用在刀杆上时，会损坏刀杆。

根据多波纹弹性油箱的结构特点，优先选择长径比适中的防振刀杆，研制弹性刀夹，以适用于数控车床刀台；优先选择有涂层的硬质合金机械夹具刀片，以提高刀具的耐用度和加工效率；通过对切槽刀片进行不同宽度和槽型的试切，优化切槽刀片；优先选择直径适宜的粗加工、精加工圆形机械夹具仿形刀具，对不同槽型圆形机械夹具刀片进行试切，优化圆形机械夹具仿形刀具。

通过选择不同的刀具、不同的刀片槽型，全面测试刀具，确定最优的加工刀具，优先选择仿形刀具以提高精加工表面的加工质量。内圆部分采用减振加长刀杆，用 *R*6mm 圆刀片（开槽用改制镗刀杆，安装 8mm 宽高速钢刀）进行精车，尺寸为 *R*9.5mm、*R*18.5mm；外圆部分用 8mm 宽的刀板切槽（开槽用改制的 40mm × 40mm × 200mm 方形车刀体），用 *R*6mm 圆刀片进行半精车，尺寸为 *R*9.5mm、*R*18.5mm。下页图 5、图 6 所示为刀具实际应用场景。

四、应用效果

经过实际加工验证，对弹性油箱进行全自动数控加工，优化后的切削参数和切削用量均得到了显著改善，平均切削速度提高了 16.9%，刀具使用寿

图5 刀具实际应用场景一

图6 刀具实际应用场景二

命延长了 30%。

为了验证所提的优化方法的有效性，将优化后的刀具应用于实际弹性油箱加工中。优化后的刀具加工出来的弹性油箱零件表面质量好、尺寸精度高，在一定程度上提高了弹性油箱零件的加工精度、加工效率和可靠性。因此，该方法被推广应用于弹性油箱全自动数控加工中。

第四讲

弹性油箱全自动数控加工连续多波纹轨迹加工程序优化法

为了提高弹性油箱零件的加工精度和加工效率，开发水轮发电机组弹性油箱全自动数控加工连续多波纹轨迹加工程序优化法。

针对刀具路径优化，开发连续多波纹轨迹加工速度优化法。利用软件进行编程，在编程过程中，将工件轮廓特征转换为数控程序，利用软件将所编程序导入数控系统中，进行切削加工。在加工过程中，将刀具与工件之间的位置关系转换为数控程序，以保证工件轮廓特征与数控程序之间的对应关系，同时也需考虑到工件轮廓特征与数控程序之间的位置关系对刀具路径的影响，即在保证加工效率的同时，保证加工精度。在进行刀具路径优化时，首先要计算出加工过程中刀具与工件之间的位置关系，然后对刀具运动轨迹进行优化。由于刀具的运动轨迹会受到切削用量等因素影响，因此需要建立模型计算出刀具与工件之间的位置关系。先计算出刀具运动轨迹在机床坐标系中所对应的坐标值，再利用该值来规划刀具运动轨迹。

针对加工误差控制，开发波纹轨迹部分的进给率优化法。由于弹性油箱零件的加工精度要求较高，在加工过程中，需要对误差进行有效控制。在刀具选择方面，需要考虑刀具材料的硬度和强度、刀具的耐磨性和破损度、刀具的锋利程度等因素，尽量选择高硬度、高强度、高耐磨性的刀具，以保证其切削性能，降低工件表面粗糙度。在工艺方案方面，需要合理安排零件加工工序和加工顺序，避免加工过程中出现干涉或碰撞问题。在数控加工过程中，需要采用最优的数控程序，减少零件加工时间，提高加工效率。

一、弹性油箱连续多波纹轨迹加工速度优化法

在弹性油箱全自动数控加工中，通常加工速度越快，加工误差越大，但通过降低加工速度来提升精度，会影响零件的加工效率。另外，速度的不平稳、加速度突变可能会导致加工表面出现振纹，速度的横向不连续会引起加工表面刀纹不均匀。因此，

在加工前，需要对加工速度进行合理的优化。进行速度优化时，需要考虑两个方面：一方面是确定单条波纹轨迹上各程序段的合理速度；另一方面是保证相邻波纹轨迹的速度连续性。其中，如何保证相邻波纹轨迹的速度连续性是速度优化的难点。

目前，在相邻波纹轨迹的速度连续性优化方面的研究主要分为两类：一类是在数控系统预读阶段，通过跨相邻波纹轨迹的大范围程序段预读，在确定单条波纹轨迹速度的同时，考虑相邻波纹轨迹的速度连续性；另一类是实现相邻波纹轨迹间的速度连续性。

1. 系统预读速度优化

预读是数控系统相对于当前加工的程序段，超前预读和处理还未加工到的程序段，并将处理后的待加工程序段放入系统中缓存，等待系统加工。预读是保证系统正常运行、提高加工效率和加工精度的关键。在预读的过程中，需要识别降速区域和拐角尖点，并确定降速区域和拐角尖点处的最大加工速度，保证刀具平稳地通过所有刀位点。

系统预读功能的应用能保证高质量的工件表面，并进行均匀加工。在加工期间，应尽量避免波纹轨迹速度的波动。当没有预读功能时，数控设备只读取紧跟着当前程序段的后一条程序段，以确定可能的轨迹速度。如果该后续程序段只包含一段很短的行程，则数控设备必须降低轨迹速度，即在当前程序段内就进行制动，以便及时地在后续程序段结束时停止。使用预读功能时，数控设备可以预先读取当前程序段后面一定数量的后续程序段，在一些条件下可以显著地提高波纹轨迹速度。

使用系统预读功能的优点如下。

（1）使平均轨迹速度更高。

（2）减少制动和加速过程，使工件表面质量更佳。

2. 全波纹轨迹速度优化

在系统预读时进行速度优化，能够在加工的同时进行优化处理，效率更高。然而，受系统实时性的限制，前预读范围虽有所增加，但仍然有限，只能保证相邻波纹速度的一致性，无法保证全波纹速度的横向连续。为此，开发了轨迹速度平滑以及轨迹动态响应自适应两项技术。

轨迹速度平滑是一项针对对均匀轨迹速度有高要求的应用而开发的功能。为此，为了让轨迹速度更加平滑，会舍弃一些易引起机床高频共振的制动和减速过程。

使用该功能的优点如下。

（1）避免了机床高频共振，使工件表面质量更佳，加工时间更短。

（2）避免了多余的加速过程，即避免了对程序处理时间没有很大益处的加速过程，使轨迹速度或切削速度更均匀稳定。

轨迹动态响应自适应是一项用于避免机床高频共振并可同时优化轨迹动态响应的功能。

二、波纹轨迹部分的进给率优化法

要优化波纹轨迹部分的进给率，可开发应用

“一个程序段中的多个进给值”功能，根据外部数字和模拟输入运行，同步激活一个数控设备程序段的不同进给率、暂停时间以及返回行程。

具体实施程序代码如下。

```
N20 T1 D1 F500 G0 X100 起始位置
N25 G1 X105 F=200 F7=15 F3=12.5
F2=10.5 ST=1.5 SR=0.5 ;
```

注释：

F- 标准进给率；

F7- 粗加工；

F3- 精加工；

F2- 精修整；

ST- 暂停时间；

SR- 返回行程。

1. 信号的优先级

信号的询问顺序从输入位 0（E0）开始升序排列。返回行程的优先级最高，进给率的优先级最低。暂停时间和返回行程可以终止用 F2 到 F7 激活的进给运行。最高优先级信号决定当前的进给率。

2. 剩余行程删除

如果暂停时间的输入位 1 或返回行程位 0 有效，轨迹轴或相关单个轴的剩余行程将被删除，并启动暂停时间或返回行程。

3. 返回行程

返回行程的单位与当前有效的测量单位有关（通常是 mm 或 in，1 in=2.54cm），返回行程的方向始终与当前运行方向相反。总是使用 SR/SRA 对返回行程量进行编程，不需要编写正负号。

4. 用 POS 轴替代 POSA 轴

如果以外部输入为基础，给轴编程了一个进给率、暂停时间或返回行程，那么在该程序段中，不能将该轴编程为 POSA 轴（超过程序段限制的定位轴），而应为 POS 轴。

5. 预读

程序段预读功能对一个程序段内的多个进给率有效。如此就可以使用程序段预读功能来限制当前的进给率。

三、弹性油箱连续多波纹轨迹加工程序应用

加工程序中最关键的就是加工轨迹的选择，在不改变程序的情况下，如何选择一条合理的加工轨迹，是保证加工精度和工件表面质量的关键。该方法主要针对水轮发电机组弹性油箱零件设计程序，可以减少在机床上进行数控编程所需时长，并且在加工时可以有效避免因定位误差造成的程序错误。

常规数控加工程序无法完全符合实际生产需要，可开发后置处理程序，计算出自定义可变切削参数的加工程序，并将工艺路线转变成程序语言来执行。采用多刀路加工，分左右两侧加工，充分利用刀具的前刃进行切削，避免出现带刀的现象，保证正常加工。外圆加工刀具路径如下页图 7 所示，内圆加工刀具路径如下页图 8 所示，外圆加工新型刀具路径如第 37 页的图 9 所示，内圆加工新型刀具路径如第 37 页的图 10 所示。

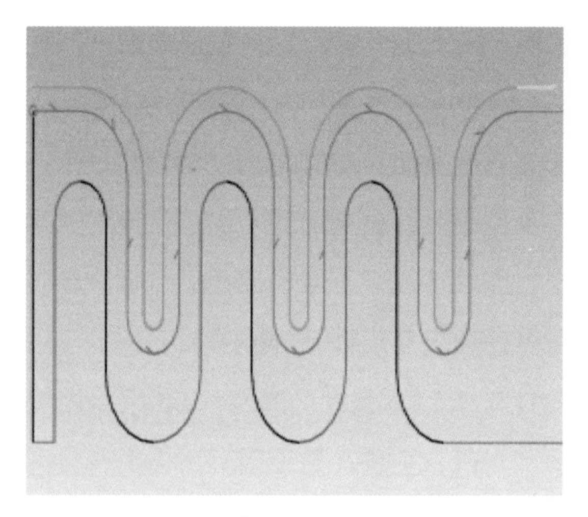

图 7　外圆加工刀具路径

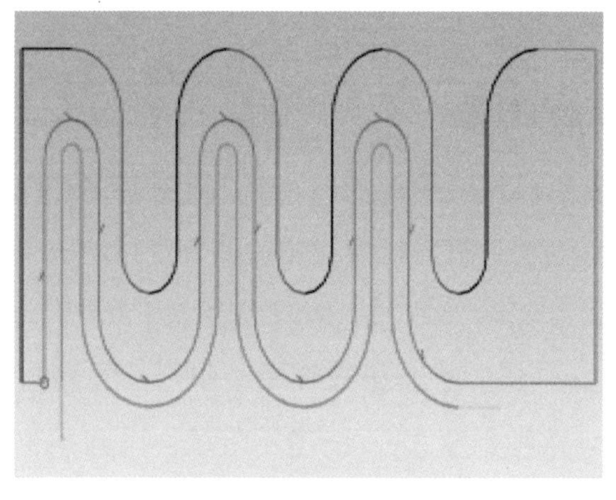

图 8　内圆加工刀具路径

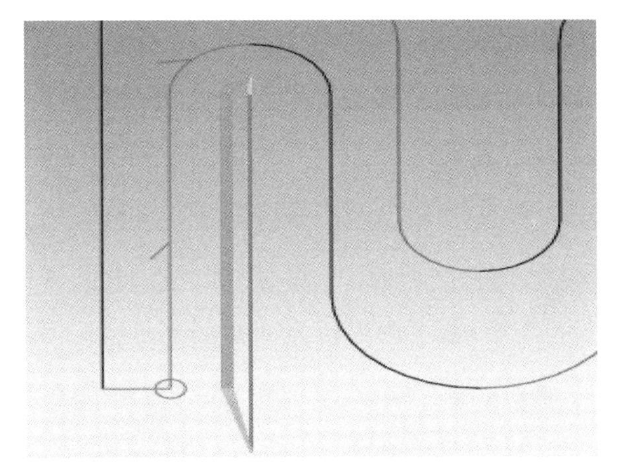

图 9　外圆加工新型刀具路径

图 10　内圆加工新型刀具路径

四、应用效果

弹性油箱连续多波纹轨迹加工程序经应用后，实现了如下效果。

（1）解决了零件加工轨迹的优化问题，实现了在不改变程序的情况下，通过选取波纹轨迹对零件进行加工，避免了程序错误造成的加工误差，同时保证了零件的加工质量。

（2）波纹轨迹作为一种新型的数控加工轨迹，具有更好的弹性，并可适用于不同形状的零件加工。波纹轨迹不仅适用于弹性油箱零件加工，也可用于其他类型的零件加工。

（3）在实际应用中，加工程序优化后能够减少在机床上进行数控编程所需时长，提高生产效率；波纹轨迹也可以有效避免因定位误差造成的程序错误。

（4）利用波纹轨迹对零件进行加工后，不仅可以提高生产效率，还可以减少零件装夹时出现的误差。

（5）该方法还适用于各种形状复杂、壁厚不均匀或壁厚不等的弹性油箱零件加工。

（6）该方法在实际生产应用中获得了良好效果，对类似产品的数控加工具有一定借鉴作用。

第五讲

弹性油箱全自动数控加工控制技术

由于大型水轮发电机组弹性油箱属于薄壁结构，其壳体要承受较大的冲击载荷，因此在制造过程中，必须保证其壁厚的一致性，即壁厚的均匀性。这就需要保证其加工精度，而加工精度又依赖于对加工过程的控制。目前，在大型水轮发电机组弹性油箱的生产制造过程中，仍采用传统的手工操作方式进行加工控制。人工操作时，由于受人为误差和操作经验不足等因素的影响较大，弹性油箱的制造精度无法保证。

为了解决上述问题，通过对大型水轮发电机组弹性油箱生产制造过程中关键技术难题进行分析和研究，提出了全自动数控加工控制技术。该技术需解决以下几个关键技术和问题。

（1）切削力变形和切削热变形控制技术。在弹性油箱的生产制造过程中，由于受到加工方式和切削工艺的影响，工件会产生较大的切削力，而切削力对工件的变形影响很大。若不能将切削力控制在合理范围内，将会导致工件变形量过大、尺寸超差等问题。

（2）加工流程优化技术。由于弹性油箱在生产制造过程中所使用的刀具具有较大的重量和弹性，在进行工件加工时，刀具会产生较大的变形，因此需要对操作加工流程进行优化，以减少刀具的受力变形量。

（3）大型水轮发电机组弹性油箱波纹曲面过渡刀痕问题。在分析了大型水轮发电机组弹性油箱制造中存在的此类问题后，提出了大型水轮发电机组弹性油箱波纹曲面过渡刀痕消除技术。

一、切削力变形和切削热变形控制技术

1. 切削力变形控制技术

由于受到切削过程中的切削力，工件在力的方向上发生弹性变形，这通常被称为让刀现象。针对这种变形，必须对切削工具采取相应措施。精加工时，工具必须锋利，这样能在降低刀具与工件之间摩擦力的同时，提高刀具在切削过程中的散热能

力，减小工件的残余内应力。

在加工弹性油箱时，刀具参数应选择较大的主偏角和较大的前角，目的是减少切削力。这种刀具由于切削力度轻，带来的弹性油箱变形量小。通过反复测试发现，使用前角为5°~20°、后角为4°~12°的硬质合金刀具，可以保证加工应力变形量最小。

2. 切削热变形控制技术

现在普遍使用的豆油冷却加工技术已经不适用于数控设备的高速加工，需要开发其他冷却系统，以保证刀具加工时的冷却。以往采用普通车床加工弹性油箱时，使用成型刀加工，抗力大，热量高，降温的需求大，故需要使用大量豆油进行冷却，以防止工件变形。

切削时产生的大量切削热如不能及时散发，不仅会降低切削刀具的耐用度，而且难以保证工件的精度和表面粗糙度，严重时甚至会导致无法切削。因此，降低切削热对于弹性油箱制造材料的加工具有重要意义。同时，对于一般材料的切削而言，如何提高切削效率、延长刀具寿命，也是人们一直努力解决的问题。在工作过程中对刀具进行冷却与润滑是解决上述问题的有效手段。有无冷却、润滑，冷却、润滑方式对提高刀具耐用度、切削效率及加工精度有很大影响。近年来，工业发达国家在金属切削过程中应用喷雾冷却技术，为切削加工提供了新的冷却技术选择。目前，除部分进口机床采用了喷雾冷却技术外，国内其他机床应用得还较少。结合我公司生产实际，我们对喷雾冷却技术进行了改进及应用。

（1）喷雾冷却装置的工作原理。

喷雾冷却装置是把微量液体混入压力气流中，形成雾状的气、液两相流体，通过喷雾产生射流，喷射到切削区，使工件和刀具得到充分冷却和润滑。

喷雾冷却装置工作时，压缩空气进入冷却液箱内，将冷却液压至喷嘴；后经压缩空气软管到喷嘴，与冷却液混合，雾化后喷射到切削区。

喷雾冷却技术的关键在于能否把冷却液充分雾化。冷却液的压力略大于压缩空气的压力，两者在气液混合室内混合后，经蛇皮管式冷却管后由喷嘴头喷出。若冷却液的压力小于压缩空气的压力，冷却液将被压回冷却液箱内。在一些进口机床的喷雾冷却装置中，压缩空气从调压阀进入冷却液箱，因此喷射冷却液时往往有“喘气”现象。若将压缩空气改为直接进入冷却液箱，就可避免“喘气”现象。

为了调节喷出的冷却液流量，可在喷嘴上安装冷却液流量调节阀。一些进口机床喷雾冷却装置的喷嘴调节阀为锥形，使用时通过调整锥面配合间隙的大小来调节冷却液流量。加工这种结构的喷嘴调节阀比较困难，阀杆与阀体锥面的同心度不易保证，导致不能有效地调节冷却液流量。如将锥阀改成平阀，将锥面改成平面，并增加一个密封圈，冷却液的流量则可以任意调节。

（2）冷却液的选择。

从喷嘴喷射出的冷却液呈雾状，其中大部分被喷到切削区，一小部分弥散在空气中。为了避免环境污染及对操作者造成伤害，冷却液的选择非常重要。油类冷却液除了会造成环境污染，弥散在空气中的油雾还易吸附在操作者身上和衣服上，可能会危害其健康，因此不宜使用。为了提高防锈、防腐性能，多数常用的乳化液、水剂冷却液都含有亚硝酸钠和三乙醇胺等成分。亚硝酸钠是一种对人体有害的物质，加上三乙醇胺后其危害性更大，因此不适宜用作喷雾冷却剂。

（3）实施效果检测。

采用喷雾冷却切削与豆油冷却切削分别加工弹性油箱部件。切削区温度测试的结果表明，与豆油冷却切削相比，采用喷雾冷却切削时，切削区温度可降低 140~200℃，最终切削温度可以降低至 30℃左右。采用豆油冷却切削时，加工工件的表面粗糙度不稳定，为 Ra2.3~3.4μm；采用喷雾冷却切削时，加工工件的表面粗糙度稳定，为 $Ra0.76\sim0.9\mu m$，超过图纸设计要求的 $Ra1.6\mu m$。加工效率平均提高20%，刀具寿命提高 1 倍以上，加工精度也有显著提高。

喷雾冷却具有良好的冷却和润滑效果，在切削加工过程中，应用喷雾冷却技术可显著提高切削加工的生产效率和零部件的加工质量。

二、加工流程优化技术

根据数控卧式车床结构，结合非数控加工经验，研制适用于数控卧式车床加工设备的专用夹具以及喷雾冷却加工技术，最终形成新的加工流程。

新的加工流程去除了普通设备的磨削工序，加入了新的加工技术，以保证工件表面的加工质量符合设计要求的表面粗糙度值；通过切削参数的随机控制技术，根据实际加工情况，利用参数的变化，修正加工中由微振动引起的表面质量不符合设计要求的问题，同时细化加工流程，使加工标准化、规范化、系列化。

1. 原加工技术分析

（1）加工弹性油箱前，首先车好夹具，然后装夹弹性油箱，找正、压紧。

（2）精车弹性油箱的外圆、内孔及底平面。由于工件应力释放后会产生变形，车弹性油箱内定位止口时，应留 0.2mm 的余量。

（3）粗车槽，半精车槽内侧平面及 *R*9.5mm 槽底，单面留 0.5mm 的余量，然后精车槽内侧平面及 *R*9.5mm 槽底。

（4）由于工件材质特殊，精车时，要控制工件变形量。如果先精车弹性油箱外圆的第一个槽，再精车内圆的第一个槽，然后车内孔的第一个槽，会导致外圆的第一个槽变形。正确的做法是：精车后，算出外圆的第一个槽与内圆的第一个槽间的壁厚，精车完两个槽后，才能加工外圆第一个 *R*16.5mm 圆弧。因为圆弧成型车刀抗力大，加工时转速要慢一些。

2. 优化后的加工流程

精车夹具，精车夹具内定位止口、平面及平面空刀槽，加工步骤如下。

（1）压紧夹具，先车大平面空刀槽 ϕ300，加工到 ϕ360，形成 30mm 宽空刀，便于弹性油箱后平面与夹具平面把紧。

（2）精车夹具大平面达 Ra3.2μm。使用刀具及加工参数如下。

使用刀具：反 45° 尖刀（PSSNR4040S25）；

选用刀片：机械夹具、正方刀片（YG546 452510）；

加工参数：n=120r/min，f_n=0.28mm/r，ap=0.5mm。

（3）精车夹具内定位止口，要求与弹性油箱 ϕ190（0~0.05mm）有 0.02mm 的间隙，便于快速更换下一个工件。使用刀具及加工参数如下。

使用刀具：内孔车刀；

选用刀片：机械夹具、正方刀片；

加工参数：n=120r/min，f_n=0.28mm/r，ap=0.5mm。

粗、精车弹性油箱外圆、内孔及底平面焊接坡口，加工步骤如下。

（1）工件安装后找正，以夹具内定位止口定位，用4×M36螺钉将夹具与弹性油箱把紧，用卡爪卡紧弹性油箱外圆，用百分表检测外圆找正情况，保证其一周圆跳动误差在0.05mm以内。

（2）精车弹性油箱总高，以夹具平面为基准向上反尺寸，外圆尺寸公差按+0.2mm留量加工，内孔尺寸公差按–0.2mm留量加工，用于后续修磨后达到图纸尺寸要求。

（3）精车ϕ400大外圆。使用刀具及加工参数如下。

使用刀具：75°正偏刀（PSBNL3232P10）或者90°正偏刀（PTGNR3232P22）；

选用刀片：19方刀片（SNMG190612 YBM251）或三角刀片(TNMG220408 YBM251);

加工参数：n=80r/min，f_{n}=0.14mm/r，ap=0.5mm。

（4）粗车内孔的第一个槽，粗、精车外圆的第一、第二个槽。

（5）先粗车内孔的第一个槽，因未消除工件应力，在槽底留 5mm 的余量。

（6）粗切弹性油箱槽，用 8mm 宽机械夹具、刀具粗加工外圆的第一、第二个槽。使用刀具及加工参数如下。

使用刀具：8mm 宽机械夹具、刀具；

加工参数：n=12r/min，f_{n}=0.28mm/r，ap=14mm。

（7）用 R6mm 机械夹具、刀具半精车槽两端面及 R9.5mm 槽底，槽两端面各留 0.2~0.3mm 的余量，R9.5mm 槽底留 0.5mm 的余量。使用刀具及加工参数如下。

使用刀具：R6mm 机械夹具、刀具；

加工参数：n=24r/min，f_{n}=0.28mm/r，ap=

14mm。

（8）用 R6mm 机械夹具、刀具精加工弹性槽，用刻度及数显表控制壁厚，用测深尺控制槽底，用测深表测量。当刀具加工到 R9.5mm 槽底时，其切削刃与 R9.5mm 槽底及两侧圆弧切点将全部接触，这时工件受切削力较大。为了提高质量，加工中需要变换切削参数。使用刀具及加工参数如下。

使用刀具：R6mm 机械夹具、刀具；

加工参数：n=5～10r/min，f_n=0.14～0.2mm/r，ap=19mm。

（9）粗、精车外圆第一个槽及 R16.5mm 圆弧。

（10）用机械夹具、刀具车 R16.5mm 外侧大圆弧时，开始的时候受力小，主轴转速设置为 24r/min。

（11）当 R16.5mm 圆弧基本成型时，抗力加大，表面粗糙度要求为 Ra1.6μm。此时需减速至 2~4r/min，走刀量 0.14mm/r。若机床没有 2~4r/min 的转速，可反向点动旋转卡盘，加工 R16.5mm 圆弧，同时保证圆弧表面粗糙度。使用刀具及加工参数如下。

使用刀具：R6mm 机械夹具、刀具；

加工参数：n=2~4r/min，f_n=0.14mm/r，ap=19mm。

（12）粗、精车内圆、外圆的第三、第四个槽及 R16.5mm 圆弧。

（13）外圆的第一、第二个槽及 R16.5mm 圆弧车好后，把刀杆伸到中心，这时就应车内孔的第一、第二个槽及 R16.5mm 圆弧。走刀量、转速测量方法与加工外圆时相同。使用刀具及加工参数如下。

使用刀具：R6mm 机械夹具、刀具；

加工参数：n=24r/min，f_n=0.28mm/r，ap=14mm。

（14）粗、精车内圆、外圆的第三、第四个槽及 R16.5mm 圆弧。

（15）精车完所有槽后，用测深表及测深尺检查工件的变形情况，精修内孔定位止口 $\phi 254_{0}^{+0.057}$，使表面粗糙度达 Ra1.6μm。使用刀具及加工参数如下。

使用刀具：90°反偏刀（PTGNR3232P22）；

选用刀片：三角刀片（TNMG220408 YBM251）；

加工参数：n=100r/min，f_n=0.10mm/r，ap=0.12mm。

（16）清理加工现场，测量各部位尺寸，专检合格后换下工件。

三、弹性油箱波纹曲面过渡刀痕消除技术

一般而言，要消除弹性油箱波纹曲面过渡刀痕，首先要有刚性足够的机床。在切削过程中，将形成过渡刀痕的两步工序称为上步工序和下步工序。首先，两步工序的机床定位精度要高，端面跳动误差要在 0.01mm 以内，圆跳动误差要在 0.02mm 以内；其次，两步工序的加工参数要一致，刀具选择要一致，这样有利于保证弹性油箱波纹曲面过渡刀痕两侧曲面的表面粗糙度、加工纹理等的一致性；最后，在加工过程中，对两步工序的尺寸精度要求较高。

以下是具体的操作过程。

（1）在上步工序中，粗车按照正常路径走刀，留给精车 0.1mm 左右的余量。

（2）精车时，按正常路径切削，但在距离接刀位置边缘 5mm 处开始加工锥度，锥度为 1 : 250。此时会在接刀位置形成一个不明显的小锥度，锥度最高处比底部高约 0.02mm。

（3）在下步工序中，粗车按正常路径走刀，留给精车 0.1mm 的余量。

（4）精车走刀时，要走过接刀位置约 2mm，即让下步工序精车完在上步工序中加工出来的小锥度。

这样，在弹性油箱波纹曲面的接刀位置就不会产生明显的过渡刀痕。在实际生产过程中，会让上步工序比下步工序的轴向尺寸大 0.01~0.02mm，这样会使得过渡刀痕的处理达到最佳外观及使用效果。

大型水轮发电机组弹性油箱全自动数控加工控制技术的研究是一项复杂的系统工程，需要从加工工艺、刀具、数控系统等方面进行研究，以提高大型水轮发电机组弹性油箱的制造效率。该技术在某电站大型水轮发电机组弹性油箱制造过程中得到应用，表明该技术能够提高大型水轮发电机组弹性油箱的制造效率，降低制造难度。这项成果使超大型立式水轮发电机组弹性油箱加工技术获得了里程碑式的飞跃，并实现了几代操作者的加工梦想，推动中国智能化制造水平的提高，填补了国内技术的空白。

通过以上技术措施，开了我国大型水轮发电机组弹性油箱智能加工的先河，解决了其因波纹形状复杂极难加工的问题，在提高加工精度的同时，还节约了大量的消辅材料。同时，此项加工技术还扩展应用到其他类似的如汽轮发电机波纹轴等特型工件的加工制造中，大幅提高了智能化制造水平。

后 记

“怀匠心、践匠行、做匠人”的我，始终抱着“把工作做到极致”的心态，用数控机床成功生产出了第一个弹性油箱产品件，实现了人生最重要的一次跨越，成为中国装备制造业奋勇争先的践行者。

“当兵就要当尖兵，平凡中创造不平凡的价值，把简单的工作做到极致。”这就是我作为全国劳动模范不懈奋斗38年的初心和使命。“全国技术能手”“全国最美退役军人”“中国质量工匠”“车工大王”“金手指”等荣誉和称号，是对我30多年没有生产一件废品的最好褒奖和激励。从两鬓青丝到两鬓花白，始终如一的理想信念、努力向前的拼搏精神是我坚持的奋斗情怀和责任。

习近平总书记提出：“要在全社会弘扬精益求

精的工匠精神，激励广大青年走技能成才、技能报国之路。”为此，我想将我的经验、我的技能、我的绝活儿传承下去，做好“传帮带”人才培养，将加工经验进行细化、总结，毫无保留地把技术技能传授给周围同事和青年技工。

高举党之圣火，昭示我负重前行，知难而进。擎国之红旗，我将加倍努力，在生产一线继续发挥我的技能优势，以开拓进取为重点，树立创新发展的领跑形象，做敢想、敢干的领跑人；以扎实的工作为重点，树立立足岗位的敬业形象，做立足本岗、爱岗敬业、扎实工作的带头人，以实际行动、一流的业绩和无私的奉献来实现入党时的庄严誓言，为党旗增辉，弘扬哈电“铁军精神”。

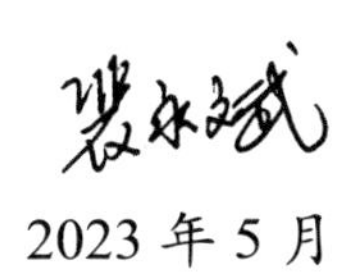

2023 年 5 月

图书在版编目（CIP）数据

裴永斌工作法：弹性油箱全自动数控加工技术 / 裴永斌著. 一北京：

中国工人出版社，2023.7

ISBN 978-7-5008-8226-8

Ⅰ. ①裴… Ⅱ. ①裴… Ⅲ. ①水轮发电机－发电机组－油箱－数控机床－加工

Ⅳ. ①TM312

中国国家版本馆CIP数据核字（2023）第126518号

裴永斌工作法：弹性油箱全自动数控加工技术

出 版 人 董 宽

责任编辑 习艳群

责任校对 张 彦

责任印制 栾征宇

出版发行 中国工人出版社

地 址 北京市东城区鼓楼外大街45号 邮编：100120

网 址 http://www.wp-china.com

电 话 （010）62005043（总编室）

（010）62005039（印制管理中心）

（010）62046408（职工教育分社）

发行热线 （010）82029051 62383056

经 销 各地书店

印 刷 北京美图印务有限公司

开 本 787毫米×1092毫米 1/32

印 张 2.5

字 数 35千字

版 次 2023年8月第1版 2023年8月第1次印刷

定 价 28.00元